最佳科普读物
安徒生儿童图书奖

超级科学家·天文

星星 为什么 不会掉下来？

[意]费德里克·塔蒂亚 玛格丽特·哈克／著
[意]罗伯特·鲁奇亚尼／绘　潘源文／译

浙江出版联合集团
浙江文艺出版社

目 录

- 001 如何阅读本书?
- 002 这次访问谁?

- 004 地球是一颗特殊的行星吗?
- 008 人类是如何探索太空的?
- 012 什么是地心引力?
- 018 行星之间如果有竞争，谁会胜出?
- 020 黑洞既然是黑的，那怎么能看得见呢?
- 024 你最喜欢哪颗星星?
- 026 为什么会有白天黑夜和四季变换?
- 032 伽利略对天文学做出了什么贡献?
- 034 如果地球突然停止转动，会怎么样?
- 038 你想成为宇航员吗?
- 044 恒星是如何形成的?
- 046 曾经有动物去过月球吗?
- 050 宇宙有多大年纪了?
- 056 你见过外星人吗?

060　在太空中，如何丈量空间？
062　闪闪的星星到底想对我们说什么呢？
066　谁为土星戴上了光环？
070　为什么天空是蓝色的？
074　太阳会停止发光吗？
078　什么是银河？
082　作为天文学家，是不是总得抬头看天？
086　为什么我们总是只能看到月球的同一面？
090　北极星在天空中是静止的吗？
092　宇宙是由什么构成的？
094　为什么彗星长了尾巴？
100　是什么让你热爱头顶上的星辰？
104　我们如何才能找到外星生命？
108　在太阳系之外还有什么？
112　你相信星座运程吗？
118　温室效应是怎么回事？
122　元素是什么？
124　宇宙中还有什么有待我们去发现？

127　话题索引

如何阅读本书?

  我们不奢望你打开本书,从第一页老老实实地读到最后一页——当然,如果你有时间、有耐心,那样也很好——人的思维总是在跳跃的,对于思维跳跃而发散的你来说,不妨试试随意打开本书的任意一页开始你的阅读体验。你会发现,这将是一次不同寻常的天文学之旅!

  当你最终读完此书,却还有一些疑问无法得到解决,恭喜你!因为一本成功的科普读物,虽然可以激发你的好奇心和求知欲,但真正的好奇心,却是无论多长的篇幅都无法满足的。

这次访问谁？

我们问她，到底是天上的星星多，还是她书房里的书多。她非常肯定地告诉我们，天上的星星是数不清的，当然是它们多。我们对此表示怀疑，因为我们也可以非常肯定地告诉你，她家里的书，同样也是数不清的。

我们又问她，为什么对天上的事情那么感兴趣，她告诉我们，她年轻的时候练过跳高，总觉得上面的风景更吸引人。

她就是本集《超级科学家》的主角——意大利国宝级的天文学家玛格丽特·哈克。她热爱地球上的生活，也热爱太空中的工作，她喜欢猫，"因为和我的性格很像，总是充满疑问，永远忠于自己"，她笑了笑。她就是那个充满自信，永远追求完美的玛格丽特。

你准备好了吗？翻过这一页，让我们来到群星璀璨的太空……

地球是一颗特殊的行星吗？

那还用说！在太阳系中，只有地球有生物圈，人类已知的其他行星上没有动物，没有植物，更谈不上具有任何适合高级生物生存的理想条件。

理想条件是什么？

首先，生命的存在需要液态水。地球上有大量的水，地球表面70%的面积被水覆盖。而在其他行星上，即使有水，也不是液态的。

另外，生命的存在需要有适当的温度。如果温度太高，原子的运动过于强烈，也就无法聚合成为分子；如果温度太低，蛋白质和核酸就会冻结起来，也就无法孕育出生命。地球与太阳的理想距离使得它表面的平均温度维持在15℃左右，也就是说，地球上绝大部分地方是适合生命生长繁殖的。

金星离太阳的距离比地球更近一些，这就使得它的表面温度比地球高出约400℃。火星稍远一些，它的表面温度比地球低50℃。只有地球，具备了生命生存的温度条件。

有了适宜的温度，有了大量的液态水，就可以孕育出生命了吗？

当然不是，还需要有适当厚度和密度的大气层，这样，生命才不会直接暴露在宇宙射线的伤害之下。地球的大气层正好满足了这一要求。

只有地球有大气层吗？

不，金星、木星、火星、天王星、海王星、土卫六上都有大气层，但是它们的大气中几乎没有氧。例如火星，它的大气中含量最高的是二氧化碳。这也就决定了，即使这些行星上有可能出现生命，也是以极原始的形态存在着。

所以人类在这个星球上出现，一切都是出于……偶然？

可以这么认为。只要发生些许偏差，地球上就不会出现生命。银河系里有2000亿左右的恒星系，4000亿左右的流浪行星，有人认为，在这么多行星中，只有地球上有生命是难以想象的。也许，在宇宙的某一个角落，有着一颗和地球一样孕育着生命的行星，只是我们还没有能力观测到它罢了。

你个人怎么看这个问题？

我对此是持乐观态度的。我相信，在可能存在适宜生命生

长繁殖的行星上,还会有其他生命形式存在。

那我们为什么不去找他们呢?

我这么说吧,到目前为止,地球上的生命形式我们都还没有完全认识呢!

* 想一睹外星人的风采,有可能吗? 057
* 除了保护我们免受宇宙射线的伤害外,大气层还有什么作用? 119

由于人类居住的地球只是浩瀚宇宙中的一颗小小星球,目前,人类对太空的认识,就像在海滩上玩沙子的儿童对大海的认识一样。

然而,人类的好奇心是永无止境的,人类对太空的求知欲望,将是太空探索的永恒动力。随着科技的进步,人类能做的已不仅仅是瞭望星空了,我们已经成功实现了登月。

我们还去过更远的地方吗?

当然!1973年4月6日,"先驱者11号"在美国发射升空。在漫长的太空旅行中,它不仅拜访了木星,更借助木星强大的引力改变了自己的轨道飞向土星。在接近土星之后,"先驱者11号"就顺着它的脱离轨道离开了太阳系。

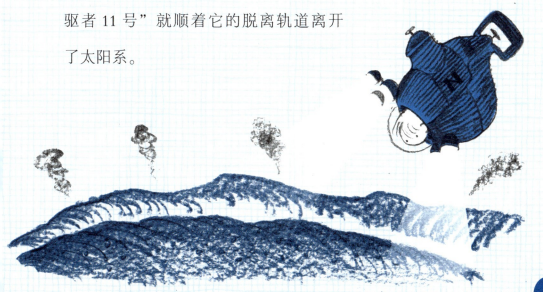

"先驱者11号"是首个拜访木星的空间探测器吗？

不，它是第二个用来研究木星和外太阳系的空间探测器。但它却是第一个去研究土星和它的光环的探测器。

"先驱者11号"是载人飞船吗？

不，载人飞船目前还无法去那么远的地方。不过"先驱者11号"携有一块刻有人类信息的镀金铝板。如果有朝一日它被外星的高智慧生物捕获，那么，我们寄希望于这块镀金铝板能够向他们解释探测器的来源。

有意思！这就像往太空扔了一个漂流瓶！那么，镀金铝板上面写了些什么？

板上刻有一名男性和一名女性的画像，以及一些用以表示这艘探测器的来源的符号。

"先驱者11号"现在在哪里呢？

它肩负着全人类的使命，还在不断地朝着宇宙的深处进发，我们现在还能够收到它的信号，也许，将来的某一天，它会撞上某个天体，或者……

或者,被外星人发现?

不好说,不过,的确存在这样的可能性!

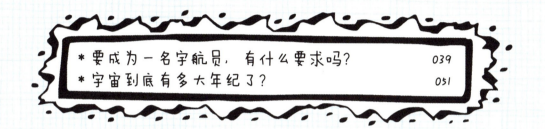

* 要成为一名宇航员,有什么要求吗?　　039
* 宇宙到底有多大年纪了?　　051

什么是
地心引力？

我们可以做一个简单的实验,来解释这个物理名词。你准备好了吗?

准备好啦!

好,现在,从窗口跳下去!

什么?开什么玩笑!咱们可是在七楼!

呵呵,既然你知道,那么关于重力,我就不必多解释了。地球上的一切物体,其中当然包括人类的身体,都是被地心引力所吸引的,这也就解释了为什么我们跳高总是那么辛苦。

地心引力是谁发现的?

是牛顿发现的。据说,牛顿发现地心引力,正是因为那个著名的苹果砸在了他的头上,于是他就开始思考,为什么苹果一定是往下落,而不是往天上飞。并且,牛顿认为,地球与太阳之间的吸引力和地球对周围物体的引力可能是同一种力,遵循着相同的规律。后来,他提出了万有引力定律。

也就是说,星体之间也会相互吸引?

是的,根据万有引力定律,这种相互吸引存在于自然界的一切物体之间,即使是在太空中也不例外。

那么,我们两个人之间,也存在引力喽?我怎么感觉不到?

万有引力定律中提到,两个物体之间的引力大小,与它们的质量的乘积成正比,与距离的平方成反比。两个体重60千克的人,在相距1米的时候,相互的引力只有一粒米的重量的1/100,这样微乎其微的力,我们自然感觉不到。

那么,在太空中呢?

对于巨大的天体来说，它们之间相互的引力就是一个很大的数量级了。比如，当月球最靠近地球的时候，地球对月球的吸引力有2亿亿吨重。

既然这个引力这么大，为什么月亮没有掉下来呢？

月球时刻都在围绕着地球运行，它本身有一种脱离地球的力量；而地球又时时刻刻吸引着月球，地心引力就像是绳子一样，将月球和地球拴在一起不能逃脱。因为这两种力量相互平衡，所以月球也就只能沿着一定的轨道绕着地球运行了。

这么说来，太阳系就像个巨大的旋转木马？

可以这么形容吧。在太阳系这个大家族里，所有的成员都围绕着太阳进行公转，并且与太阳保持一定的距离。这些成员包括：行星、卫星、矮行星和数以亿计的太阳

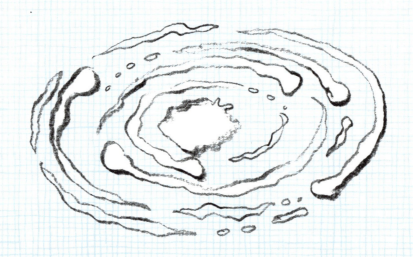

系小天体。

那么，太阳系本身是如何形成的呢？

目前普遍认为，太阳系是由一个原始星云形成的。这个原始星云比我们现在所观测到的太阳系的范围要大得多。由于引力的作用，原始星云开始收缩，大小不等的微粒所构成的弥漫物质逐渐互相吸引，如同滚雪球一般越来越大，中心部分的密度比外面增加得快，温度逐渐升高，这个弥漫的物质团的中心，就形成了太阳，其余部分就形成了行星和其他天体。

月球的个头儿比较小，它就是一颗小行星喽？

不。月球是地球唯一的天然卫星，它绕着地球这颗行星运行。行星通常自身不发光,围绕着恒星转。地球就是一颗绕着太阳公转的行星。另外,行星只要质量足够大,就能依靠自身引力使天体近似为圆球状。

小行星也环绕太阳运动,但体积和质量比行星小得多,一般将它们看作是太阳系形成过程中未形成行星的残留物质。

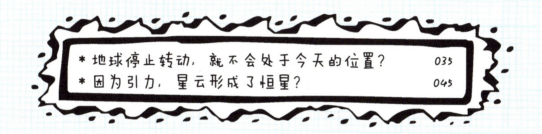

* 地球停止转动,就不会处于今天的位置? 035
* 因为引力,星云形成了恒星? 045

行星之间
如果有竞争,
谁会胜出?

太阳系有八颗行星,按照与太阳的距离由近到远进行排序,分别为水星、金星、地球、火星、木星、土星、天王星与海王星。其中,木星和土星是太阳系中最大的两颗行星。

此外,冥王星从1930年第一次被发现直至2006年,一直被当成太阳系的第九颗行星,在2006年才被排除在了太阳系的行星这个行列之外。

咦,为什么冥王星的命运这么凄惨?

这是因为冥王星的质量太小,只有月球质量的1/5左右。它的公转轨道与其他行星的公转轨道面相比,更为倾斜。另外,天文学家后来在冥王星轨道外围一个被称为柯伊柏带的区域,发现了其他小行星,其中和冥王星大小相当的也有不少,这说明冥王星只是这一大群太阳系外围天体中最先被发现的那个。如此一来,冥王星就被人类从行星之列中除名了。

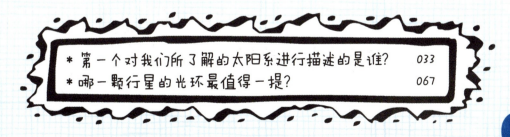

* 第一个对我们所了解的太阳系进行描述的是谁?　033
* 哪一颗行星的光环最值得一提?　067

黑洞既然是黑的，那怎么能看得见呢？

黑洞并不是一个真正的洞穴，而是一个质量大、密度高，因具有强大引力场而无法被看见的物质团，处于它周围的任何东西，哪怕是光，都会被吸进去，因此被称为黑洞。

可是，既然看不到它，我们怎么知道它的存在呢？

虽然黑洞无法直接观测到，但是我们可以借助间接的方式知道它的存在与质量，这与你看不见空气，但是却能感受到风是一个道理。

我们可以借助什么方式来确定黑洞的存在呢？

通过物体落入黑洞因高热而放射出的紫外线和 X 射线的信

息，或者通过间接观测恒星或星际云气团绕行黑洞的轨迹，我们可以确定黑洞的存在。

为什么黑洞会有这么大的引力呢？

因为黑洞是由一类质量特别大的超巨星坍缩而形成的。有的超大恒星的核心质量大到这个坍缩过程会无限地进行下去，最终形成一个密度高到无法想象并仍不断增高的物质团。由于黑洞的质量之大，密度之高，也就具有了强大的引力场。

地球上有黑洞吗？

别担心，地球上没有黑洞，也不会有黑洞，否则地球本身也不会存在了，不是吗？不过，在我们银河系的中心，是有一个超重黑洞的。

如果有机会，你愿意去遨游太空吗？

其实遨游太空并不一定要乘坐太空飞船呀！作为一名天文学家，我每天都在遨游太空啊。我每年还会绕太阳转一圈，行程 924375700 千米，也就是地球绕太阳公转一圈的路程！

* 什么是万有引力定律？　　014
* 什么是银河？　　079

你最喜欢哪颗星星？

作为一名天文学家，我一视同仁，所有的星星我都很喜欢！

那么，星座呢？有没有你比较中意的星座？

其实星座的划分完全是人为的。如果一定要我挑一颗最喜欢的星星，也许要算是造父变星了，我当年的大学毕业论文就是关于造父变星的，从那时起便与它结下了不解之缘。

哦？它有什么特别之处吗，为什么如此吸引你？

多数恒星在亮度上几乎是固定不变的，然而变星的亮度却是起伏变化的，而造父变星更为特殊。它不仅具有规则性起伏的亮度，其星球又有周期性的膨胀收缩，是一种特殊的脉动变星。造父变星的光变周期与它的光度成正比，因此可用于测量星际和星系际的距离。由于这种特点，在天文学中，我们把造父变星称为测绘宇宙的量尺。

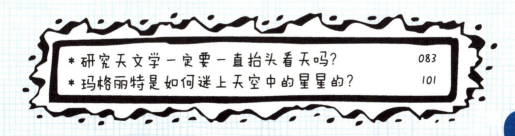

* 研究天文学一定要一直抬头看天吗？　　　　083
* 玛格丽特是如何迷上天空中的星星的？　　　　101

为什么会有白天黑夜和四季变换？

简而言之，因为地球是圆的，并且不停地在进行圆周运动，这就是出现白天黑夜和一年四季的根本原因。

可是，我每次想到我们人是站在圆球上的，总会觉得怪怪的呢！

由于地球的引力，人不会掉下来，这个我们之前已经讨论过了。另外，由于地球相对于人来说十分巨大，地面上的人自然都觉得自己是站立在平面上的。在地球是否是圆的这个问题上，人的感觉并不准确。

地球一刻不停地在转动，这种转动分为围绕着地轴进行的自转，以及绕着太阳进行的公转，因此也就有了交替出现的昼夜和四季。

这种交替是如何产生的呢？

简单地说，地球就好比一只陀螺，绕着自转轴不停地旋转，每转一圈，就是1天，昼夜由此出现——朝着太阳的一面，就是白天，背对太阳的那一面，也就进入了夜晚。而四季的出现，与地球绕着太阳公转有关。

地球公转一圈需要365天5小时48分46秒，也就是1年。

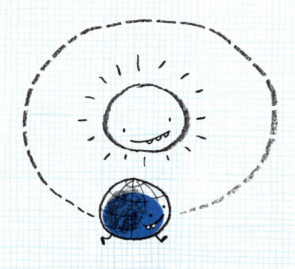

公转的轨道是一个椭圆，太阳就处在这个椭圆的一个焦点上，这也就决定了地球有时候会离太阳近些，有时候会远些。当地球在近日点的时候，北半球为冬季，南半球为夏季；在远日点的时候，北半球为夏季，南半球为冬季。另外，由于地球是倾斜着绕太阳旋转的，太阳光的直射以赤道为中心，以南北回归线为界来回扫动，每年一次，循环不断，从而最终形成了地球上一年四季顺序交替的现象。

如果没有冬天，不是更好吗？

呵呵，要是你怕冷，可以在北半球迎来冬天的时候，买张机票去南半球的阿根廷，那里正是炎炎夏日。如果你觉得这样太奢侈，想要省点钱，那就只好多穿件毛衣啦！

日食是怎么形成的呢？是谁把太阳给挡住了呢？

首先，我们要明确一点，月球绕着地球转，地球又带着月

球一起绕着太阳转。而地球和月球是不会发光的。

所以呢?

所以,在太阳的照耀下,地球和月球的前后都会拖着一条长长的黑影。当月球、地球和太阳处在一条直线或者近乎一条直线的时候,地球或者月球就会被黑影遮住,这时候就会发生日食或者月食。你想象一下,如果月球挡在了地球和太阳之间,那么,从地球上看去,太阳就被月球遮住了,也就发生了日食。当月球把太阳全部遮住,就是日全食;只遮住一部分,就是日偏食;中间被遮住,四周还有一圈日光,就是日环食。如果是地球转到日月之间,那么,就会发生月食。

这种奇特的现象能够预测吗?

当然,而且能够进行十分精确的预测。下一次在意大利能够观测到的日全食,将会发生在2081年9月3日的早上。

这么精确?

是的,根据公转数据计算出的时间,是不会有任何问题的,这就是天文学的奥妙之处!

还有一个问题,为什么月有阴晴圆缺呢?

道理很简单:因为月亮绕着地球转的轨道是椭圆形的,所以,在轨道上,自然有的地方离地球近,有的地方离地球远。在地球上看,当月亮转到离我们近的地方时,就显得大一些、亮一点,相反则显得要小一些、暗一点。而满月和残月的变化也与此

有关。月球本身不发光,它的发亮部分是反射太阳光的部分。只有月球直接被太阳照射的部分才能反射太阳光。我们从不同角度上看到月球被太阳直接照射的部分,就是所谓的月相。

月球的公转和月份本身有关系吗?

有关系。阴历就是按照月亮的月相周期来安排的历法,月球绕行地球一圈为1个月,大概是28天。

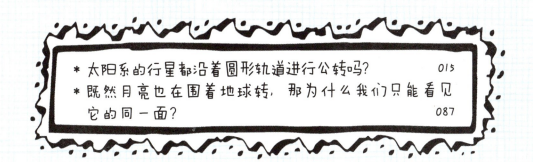

* 太阳系的行星都沿着圆形轨道进行公转吗? 015
* 既然月亮也在围着地球转,那为什么我们只能看见它的同一面? 087

伽利略对天文学做出了什么贡献?

有一种说法，"哥伦布发现了新大陆，而伽利略发现了宇宙"。从某种意义上来说，伽利略的确重新定义了宇宙。

他观测到了月球表面的凹凸不平，还亲手绘制了第一幅月面图；他还发现了太阳黑子、土星光环，尤其是对木星的四颗卫星的发现，让他断定，有些天体并非绕着地球运转，地球并不是宇宙的中心，这一证据强有力地支持了哥白尼的学说。

我记得伽利略后来被教会迫害时，说出了那句著名的"不管怎么说，地球还是在转动"！

根据传说，当最终被迫宣布放弃地球围绕太阳旋转的理论时，伽利略曾经喃喃自语道："不管怎么说，地球还是在转动！"不过，并没有直接的证据表明他真的说过这句话，但后人还是愿意相信这句话就出自他的口中——在他身处的那个时代，说出真理，的确是需要巨大的勇气的！

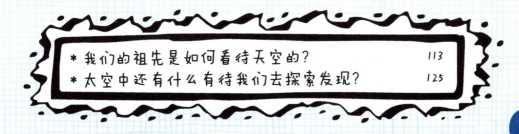

* 我们的祖先是如何看待天空的？　　　　　113
* 太空中还有什么有待我们去探索发现？　　125

如果地球突然停止转动，会怎么样？

如果地球停止转动,我们就会被太阳吸进去,葬身在太阳里!

被太阳吸进去?

是的。虽然地球停止转动的假设意义不大,但结果却是毋庸置疑的。我们抬头看天空,由于距离遥远,对太阳的大小很难有一个直观的感受。实际上,这一轮红日,比地球大得多,它的面积相当于 1.2 万个地球,肚子里能装下 130 万个地球——也就是说,如果太阳是篮球,那么,地球就像一粒米那么大,可以想象这是多么大的一股引力。

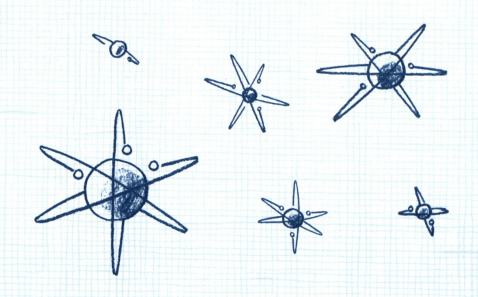

在地球轨道上绕太阳旋转的物体，只要达到24.3千米/秒以上的速度，就不会掉到太阳上。而地球的公转速度已接近30千米/秒，因此，地球既不会被太阳吸入，也不会远离太阳，而是坚守着自己的轨道，永不停息地进行公转。一旦地球停止运动，那么地球圆周运动的平衡就会被打破，在巨大的引力作用下，它就会直接被太阳吸进去。

这么说，与太阳保持安全距离很重要？

当然。如果太阳突然消失，这样的平衡同样会被打破，地球就会沿着公转轨道的切线方向运行。

万一有一天地球撞上了太阳，我可要记得戴上墨镜！

呵呵，要知道，太阳的表面温度是 6000℃，中心更达到 15000000℃，你认为到时候戴墨镜还有什么用吗？

* 为什么物体之间有引力？　　　　　　　　　　014
* 地球会永远这样绕着太阳转吗？　　　　　　　075

你想成为
宇航员吗？

成为宇航员，不知道是多少人的梦想，我当然也不例外！可是，要知道，梦想成真的代价是很高的，要成为一名真正的宇航员，背后付出的不为人知的辛酸是许多只会做梦的人根本无法想象的！

哦？当宇航员有什么要求吗？身体健康、吃苦耐劳、不惧危险？

你所说的只是最低要求。想要飞向太空，首先要在地上稳扎稳打——你不仅需要有强健的体魄、坚忍的意志，还要有丰富的学识。只有脚踏实地，才能真正实现遨游星空的梦想！

那么，宇航员需要学习哪些课程呢？

简单说来，宇航员必须是优秀的数学家、物理学家，还必须是卓越的飞行员。宇航员的身体条件必须十分优秀，心理素质必须过硬，能够忍受长时间的孤独旅行，并且拥有十分敏锐的方向感。之所以这么说，是因为在太空中，宇航员将会暴露在宇宙射线下，并处于失重环境中，人的各项机能会受到影响，人的协调感会丧失，闭上双眼的时候你将无法判断自己到底在哪里，大量的血液会流向头部，面部会浮肿，会产生恶心的感觉，心跳也会明显加快。

看来，宇航员果然不是什么人都能当的！那么，太空中曾经留下过女宇航员的身姿吗？

当然，太空探索是没有性别歧视的。世界上首名宇航员是尤里·加加林，他于1961年4月12日乘坐"东方1号"进入太空。首名女性宇航员是瓦莲京娜·捷列什科娃，她于1963年6月乘坐"东方6号"进入太空。截至2013年6月，全世界已经有58名女航天员飞上天，其中美国46名，苏联和俄罗斯3名，中国、加拿大和日本各2名，英国、法国、韩国各1名。

如果可以移居其他星球，你愿意去哪里？

我的梦想是有朝一日能够在海王星上仰观天象。海王星有十四颗天然卫星，那里的天空一定会是一幅壮丽的景象！

今天，太空探索最大的挑战是什么？

人类目前面临的最大挑战，无疑是登陆火星。

为什么火星对人类的吸引力这么大呢？

这是因为火星是太阳系中与地球最为相似的行星。它比地球更寒冷些，平均表面温度低达-63℃，但最高温度能达到24℃。与地球一样，火星也有卫星，有移动的沙丘和大风扬起的沙尘暴，南北两极都有白色的冰冠，其大气层与早期的地球也有相似性。另外，火星的自转速率、自转轴倾角都与地球相差无几；它与太阳的距离较近，也有季节之分。利用现在的太空设备，我们只需7个月左右就可以抵达火星。以上这些因素的存在，令火星备受地球人的关注。

这么说，以后没准儿咱们能去火星上度假啦？

我认为是有可能的！火星上有太阳系最大最长的峡谷，还有一座高达27千米的死火山！不过，去度假之前，咱们还要先解决呼吸问题，因为火星大气层的主要成分是二氧化碳……

这可不是个小问题……

我们可以想办法在火星上盖一个巨大的玻璃罩,在里面建立定居点,种大量的树。不过,这个方案的可行性不是很大,我们还需要研究制定可行性更大的方案。

除了火星之外,地球人还有其他选择吗?比如,金星?

要想去金星定居,除非咱们都先变成机器人……

为什么?那里条件太恶劣了吗?

天文学家在形容金星的表面时,通常会用到这样一个词——地狱般的……

地狱般的?有这么糟吗?

是这样的:金星在半径、质量、密度上的确都与地球相仿,但是金星大气的质量是地球的93倍,它的地表压强是地球的92倍,也就相当于人处在深海1000米处的压力。由于金星大气的主要成分是二氧化碳,温室效应使其温度高达500℃,成为太阳系的所有

行星中温度最高的。而且,更糟糕的是,金星上还没有昼夜温差,晚上跟白天一样热!

啊?这样的环境,人类肯定受不了呀!

是啊,如果人类移居金星,就要穿上坚固的抗压外衣,还要罩上一层防热瓦才安全。另外,金星表面接收到的太阳光比较少,大部分的阳光都被金星浓厚的云层反射回太空了,无法直接到达金星表面,因此站在金星上,你是看不见天空,也看不见日月星辰的。

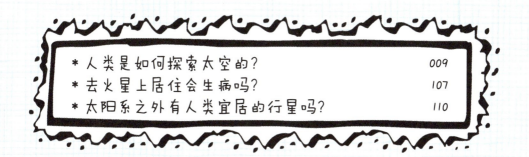

* 人类是如何探索太空的? 009
* 去火星上居住会生病吗? 107
* 太阳系之外有人类宜居的行星吗? 110

恒星是如何形成的？

首先,我们要明确什么是恒星。恒星的质量比行星大得多,温度也比行星高得多,它们不断燃烧自己,释放光和热。一颗恒星的形成,一般需要几万年到几百万年的时间,它的一生要经历幼年、壮年、老年和残年。星云是形成恒星的原材料,在自身引力的作用下,星云的半径收缩为原来的1/1000000,密度会增高100万倍,温度同时也升高,形成了中心内核,从内部发出的辐射会将周围的物质驱散,最终,恒星就诞生了。

那么,恒星为什么会发出光和热呢?

以太阳为例,这是距离我们最近的恒星,其质量的3/4是氢。太阳现在正处于恒星的壮年时期,这是它一生中最为稳定和辉煌的时期。在高温高压的条件下,太阳的核心进行着热核反应,不断地由四个氢原子聚变为一个氦原子,从而释放巨大的能量,令太阳的表面温度达到6000℃。

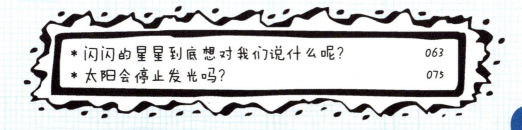

* 闪闪的星星到底想对我们说什么呢?　　063
* 太阳会停止发光吗?　　075

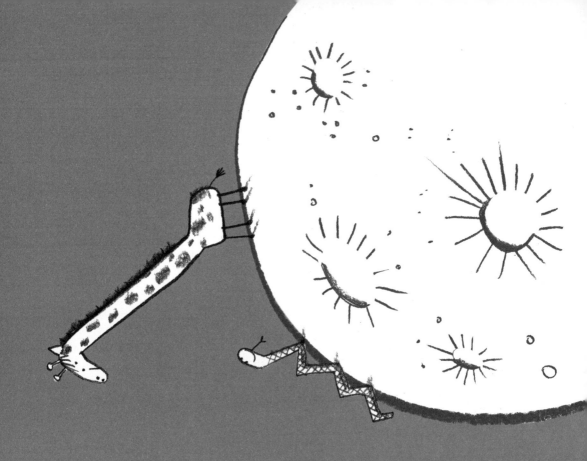

曾经
有动物去过
月球吗？

不,还从来没有动物这样幸运或者说……倒霉过。

倒霉?上太空可是我求之不得的事,它们不愿意,可以来找我呀!

呵呵,你听我细细说来。虽说是没有动物到过月球,但是,第一位活着进入太空的乘客,严格地说,其实不是加加林,而是一只叫莱卡的狗。

哦?它的主人是如何将它训练成"宇航员"的呢?

其实,在被选中之前,莱卡本是一只混迹于莫斯科街头的流浪狗,机缘巧合,被科学家选中参加太空任务,于1957年搭乘"史波尼克2号"人造卫星,被发射进太空。

多幸运的狗呀！这经历，可谓是"天上有地下无"了！那它后来怎么样了？

后来？5个月后，在环绕轨道约2570次后，"史波尼克2号"带着莱卡的遗体于1958年4月14日重入轨道时解体烧毁。

遗体？难道莱卡因为在太空中待太久，所以饿死了？

2002年，俄罗斯对外公布，莱卡的太空之旅仅仅开始5个小时后，由于太空舱的隔热设计不佳，它就在极为痛苦的状态下死亡了。

什么？唉！那还不如在莫斯科当一条流浪狗呢！怎么话题沉重起来了。对了，还有其他动物上过太空吗？

猕猴、黑猩猩、松鼠、兔子等小动物都曾经当过动物宇航员。另外，科学家还曾经把蜘蛛送入太空，研究失重状态对它们织网是否有影响。结果发现，太空蜘蛛网厚薄不一，而蜘蛛在地球上织的网则厚度均匀。

* 人类想去金星上定居，可能吗？　　042
* 火星上有火星人吗？　　106

宇宙有多大年纪了？

根据大爆炸理论,宇宙起源于 136 亿~137 亿年前的那次著名的大爆炸。空间中的一个小点,突然发生爆炸,宇宙就此诞生。

从一个小点,诞生出整个宇宙?

是的,这是大爆炸理论给出的关于宇宙诞生初始条件及其后续演化的描述。这种理论认为,宇宙是在过去有限的时间内,由一个密度极大、温度极高的太初状态演变而来,并在不断地膨胀与繁衍之后,达到今天的状态的。膨胀所形成的新宇宙中的首批成员,是极其微小的亚原子质点,宇宙中的一切其他物质都是由这些质点生成的。

不过,大爆炸理论只是宇宙起源的众多假设之一,我个人认为宇宙没有年龄,它在时间和空间上都是无限的。它从来没有过所谓的开始,也不会结束,不管从哪个方向出发,都不会到达宇宙的尽头——当然,这只是我的观点。

那么,宇宙现在应该处于静止状态了吧?

不,宇宙还处在不断膨胀的阶段,各个星系还在不断地互相远离。我们所处的银河系是本星系群的一部分,由于内部的引力十分巨大，本星系群和银河系都不会再膨胀。不过，据估计，银河系与仙女座星系将会在 37.5 亿年后相遇并发生潮汐扭曲，大约 40 亿年后开始碰撞，最终在 60 亿年后融合成为一个更宏大的巨型星系。

那么，亿万年以后，还会发生大爆炸吗？

没有人能够回答这个问题，因为即使有，我们也是看不到的。因此，还不如问：几十亿年以后，人类会在哪里？——不过，这个问题同样也是无解。

对了，说到爆炸，如果将来小行星再次撞击地球，恐龙会重返地球吗？

呃，这个嘛……我只能说，如果有小行星撞击地球的话，人类首先应该担心的，恐怕是自身的命运吧。我们预测，在 2036 年，有一颗直径 390 米的小行星可能会撞击

地球，整个地球的生态环境都会受到巨大的影响。

什么？2036年？你们会不会算错了？好像眼看就快到了呀！

根据最新的计算数据显示，这个预测成真的可能性是很大的。这颗小行星名叫阿波菲斯，在古代埃及神话中，阿波菲斯是破坏之神，它会令整个世界陷入永久的黑暗。不过，不用担心，人类已经着手应对这个毁灭者了。

哦？你们想到什么好办法了吗？

首先，我们可以派出一艘太空船与小行星猛烈碰撞或者对其进行牵引，从而使它偏离预定的轨道。

我喜欢听这个"首先"，那么"其次"呢？

呵呵，其次，我们也可以发射数枚核弹，将这个危险的破坏分子化为太空中的尘埃。不过，这个方法有一定的风险，行星的尘埃毕竟还是会落在地球上。

这两个方法听上去差不多，还有其他方法吗？

当然。我比较中意的，是第三个方法。我们可以在太空船上配备核动力机器人，机器人的核心部件是一个大钻头，它在钻小行星岩石的时候，会利用电磁加速器将钻下来的岩石碎末排向太空，利用这种方式，让它们把小行星推离原来的轨道。

万一这些方法都行不通，小行星最终还是撞上来了怎么办呢？

如果小行星真的与地球相撞，可以预见的是，在猛烈的撞

击下，地球上将会升起遮天蔽日的尘埃云，厚厚的尘埃将会阻碍太阳光线射入地面，地球在很长一段时间内会变得很冷。

* 我们处于宇宙中的什么位置？　　　　　079
* 宇宙是由什么物质组成的？　　　　　　093

你见过外星人吗？

我当然见过，难道你没见过吗？

我当然没见过啦！我只在电影里看过！

哦，这么说，估计咱们看的是同一部电影，呵呵。UFO，所谓的不明飞行器，也就是我们通常所说的飞碟，是不太可能出现在地球上的。

我发现天文学家好像对飞碟都不是很感兴趣，这是为什么？你们不是研究太空的吗？

是啊，知道的多了，也就不会轻信了。要知道，宇宙中天体之间的距离比我们想象中的要远得多，星际旅行所需要花费的时间实在是太久了。在太阳系中，地球是唯一有生命存在的天体，而太阳系之外的天体又太过于遥远，要到达最近的恒星，以宇宙飞船的速度前进，需要几万年甚至几十万年，这恐怕是外星人难以超越的障碍。

也许，外星人的科技水平很高，他们乘坐的飞行器的飞行速度很快呢？

要在一个相对合理的时间内抵达地球，外星人就必须以超

越光速的速度在星际中穿梭,而这是绝不可能的!换个角度说,今天的地球人只不过能够飞出地球而已,如果外星人真能光临地球,那么他们的科技水平必定远远超过我们。真要是那样的话,我们人类在他们眼中,就像是今天的动物在我们自己眼中那样了——你也不想成为宇宙动物园中供高级生命体赏玩的"小动物"吧?

可是,明明有很多人都声称自己见过外星人呀!

其实,绝大多数所谓的飞碟目击事件,都是由于多种因素引起的误会。人们看见的也许是彗星、流星,或者是飞机本身,又或者是人造卫星重返大气层后焚烧的碎片,抑或是球状闪电和海市蜃楼一类的大气现象,再不然,就是人的心理和生理因素产生的错觉或幻觉。我想,这也许是因为人类的大脑比宇宙的奥秘更为复杂吧!

你身边是否有人声称见过UFO呢?

有一次我的一个学生听完我的讲座,非常热心地找到我,郑重其事地邀请我去参观他制造的太空飞船。我当时心里十分诧异,到了以后才发现,那哪里是什么太空飞船,充其量就是用一堆破石头和生锈的铜板拼凑起来的怪物！看着他煞有介事的样子，我一时间找不出合适的话来评价他心中的杰作。

我想，还有很多人和那个信心满满的学生一样，他们凭幻想"看见"了外星人造访地球，并且绘声绘色地对细节进行描述。对此我只能说，他们并没有真的看见，而是"真的很想看见"。

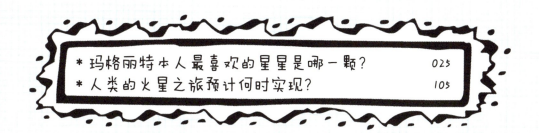

* 玛格丽特本人最喜欢的星星是哪一颗？　　025
* 人类的火星之旅预计何时实现？　　105

在太空中,如何丈量空间?

太空中的天体之间相距十分遥远，我们使用"光年"这个单位来量度很大的距离。

光年？这不是一个时间单位吗？

不，光年是长度单位，它指在真空环境中光在1年时间内传播的距离。你知道光在1年中能跑多远吗？

那肯定相当远吧？

听好了，是 9500000000000 千米，也就是 9.5 兆千米。地球和太阳之间的距离，够远了吧？1 光年大约是它们之间距离的 6 万倍！世界上最快的飞机飞越 1 光年的距离，大概需要 10 万年的时间！也就是说，当你眺望璀璨的星空，那从宇宙深处赶来与你相会的星光，也许来自几十年前、几百年前，甚至几百万年前就已经消失了的星星！

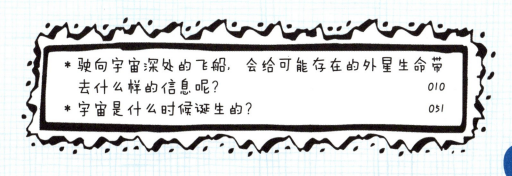

* 驶向宇宙深处的飞船，会给可能存在的外星生命带去什么样的信息呢？　　010
* 宇宙是什么时候诞生的？　　051

闪闪的星星
到底想对我们
说什么呢？

满天星辰，静默无言，却又似乎在向我们眨眼诉说着什么。而在天文学家眼里，每颗星星都有着属于自己的秘密，就是它们的光谱。

光谱？

没错。如果你通过三棱镜观测一束太阳光，就会发现，眼前出现的是一条红、橙、黄、绿、蓝、靛、紫的彩色光带，也就是说，看上去是白色的太阳光，其实是由一系列颜色的光带组成的——当牛顿在 1665 年完成这个实验后，他将这种色带命名为光谱。其实，光谱对每个人来说都并不陌生。一场雨后，当太阳光照射半空中的水滴，光线被折射及反射，这个时候会怎么样？

天上就出现彩虹了！

没错，彩虹就是在天空中形成的拱形的、七彩的光谱。

说了这么多，光谱和星星有什么关系？

听我细细道来。牛顿用三棱镜对太阳光进行分解后又过了 1 个世纪，德国光学专家夫琅和费将太阳光通过一条狭缝再经

过棱镜折射，之后用小型望远镜观察被折射的光线，他发现太阳光谱中有数百条暗线。他以同样的方法观察月亮和恒星的光谱时，也发现了许多暗线。细心的夫琅和费给最明显的暗线编了号，但对其成因仍然感到十分困惑。

又过了几十年，德国人基尔霍夫以燃烧的金属钠模拟恒星，在研究金属钠燃烧时的光谱时，明确了光谱中出现暗线的原因——太阳所发出的光，一部分被太阳自身的大气层蒸汽吸收了。基尔霍夫进一步发现，每一种化学元素都有它自己的光谱，气体能够吸收透过它的光，在明线的位置上出现暗线。反过来，可以通过光谱分析的方法，来确认物体中所含的元素。

所以，天文学家也开始用光谱来分析恒星？

没错，这种光谱分析法大大地启发了天文学家，我们的前辈开始运用这种方法来研究发光发热的恒星。每颗恒星的产生环境不同，物质来源不同，质量不同，演化阶段不同，它们的光谱特征自然也不同。就像人的指纹一样，没有两颗恒星的光谱特征是完全相同的。今天，我们对恒星的所有认识，几乎都是从对恒星"指纹"的研究中得到的。

没想到天文学在这里和侦探小说相遇了!

"秀才不出门,就知天外事",这就是天文学的美妙之处!在将来,我们可以建成直径40米的超级望远镜,利用它来观测更远的行星的内部构造。通过对行星表面反射的光线进行光谱分析,我们就能对其大气成分进行分析,甚至连宇宙飞船都不用出动!

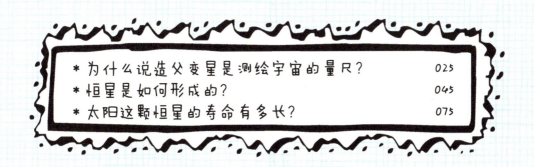

* 为什么说造父变星是测绘宇宙的量尺?   025
* 恒星是如何形成的?   045
* 太阳这颗恒星的寿命有多长?   075

谁为土星戴上了光环？

太阳系的八大行星中,土星并不是唯一一颗"结婚"的行星,木星、天王星、海王星都戴着美丽的光环。不过,土星的光环在四颗行星的光环中是最为美丽壮观的。你知道是谁首先发现土星光环的吗?

呃,难道不是你?

拜托,我的年纪还没有那么老呢!土星的光环在17世纪的时候就被发现了。首先发现土星光环的人,就是前面提到过的伽利略。不过,他当时并没有认出那是个环状物,而是将土星形容成是"有耳朵的"。1655年,克里斯蒂安·惠更斯观测

到了完整的土星光环，这一观测结果在 10 年后才被同行们普遍接受。

那么，土星光环到底是什么东西？

土星的光环实际上由无数小碎块、水冰组成，这些物质也许来自土星的卫星的碎片，它们仿佛一颗颗小卫星一般，绕着它们的行星运行不止。土星的光环厚约十几千米，宽约6.6千米，还细分为几个环带，中间夹着暗黑的环缝，就像一张巨大唱片一样。

这些东西一直都会在那里吗？我们能不能把它们支开？

不太可能。要知道，正是因为土星具有巨大引力，所以才能捕捉到它们,并使其绕着自己运转。将来土星环会变成什么样谁也说不好,我个人认为它们也许会发生位置的变化。

那么地球呢?

土星的质量远远大于地球,引力也就越大,所以更容易俘获太空里的陨石,形成光环。地球是没有戴上"戒指"的,它和金星、水星、火星一样,个头太小了,因此保持着"单身"。

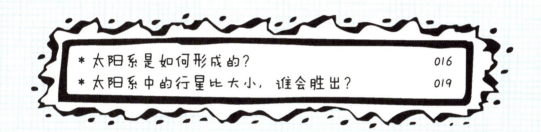

* 太阳系是如何形成的? 016
* 太阳系中的行星比大小,谁会胜出? 019

为什么天空是蓝色的?

这是由于地球的大气中含有许多微小的尘埃、冰晶、水滴等物质，当太阳光穿过大气层时，红色和黄色能够透过大气层射向地面，而波长较短的蓝、紫、靛等色光，很容易被那些悬浮在空气中的微粒阻挡，向四面八方散开，使天空呈现出蔚蓝色。

那为什么日出和日落的时候天空会偏红呢？

日出和日落的时候，由于太阳低于地平线，阳光是斜着射到地球上的，阳光穿过大气层的路径比升到天空时要长。这时波长较短的紫光散射衰减较多，透射后"剩余"的日光中波长较长的红光偏多，因此，我们在太阳高度角很低的日出、日落时，看到的天空要偏红一点。

大气层又是怎样的呢?

抬头看看天空,那就是大气层。它的质量是地球的 1/100000,在地球重力的吸引下,紧紧包裹着地球,挡住了太阳的辐射。

大气层有什么具体作用呢?

大气层是一顶无比硕大的防护伞,挡住了致命的射线,拦截了各种来自太空的流星,或是令它们在到达地面之前大部分被烧毁,从而确保只留一部分柔和的阳光给地球上生长的万物输送所需的能量。同时,它又像是一座天然的温室,为我们抵御了太空的严寒,为我们积蓄了太阳的热量,没有它,地球的表面温度便不会像今天这样适宜。

这么说来，大气层真是个好东西呢！

其实，从研究天象的角度来说，我们天文学家不是很喜欢大气层，因为它会干扰我们的观测。我的许多同行们正在考虑有没有可能在月球上建立一座天象观测台，那里没有大气层，看星星也能更清楚些。

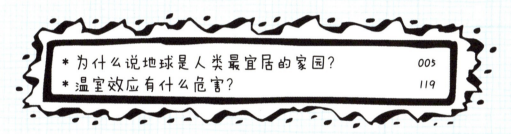

* 为什么说地球是人类最宜居的家园？　　005
* 温室效应有什么危害？　　119

太阳会
停止发光吗？

我们之前提到了恒星是如何诞生的，其实恒星也有自己的生命史，也会从诞生、成长到衰老，并最终走向死亡。而太阳正是一颗恒星，它目前处于主序星阶段，它的壮年期大约有100亿年，也就意味着，再过大约50亿年，太阳内部的氢元素将会全部消耗尽。

接下来会发生什么呢？到时候地球恐怕也大事不妙了吧？

随着氢聚变的结束，太阳开始向内坍缩，此时，速度更快的氦聚变开始，使得太阳内核温度飙升10倍。热胀冷缩的反应同样适用于太阳，届时太阳体积将会膨胀100万倍，足以吞噬地球，直至吞没火星轨道。氦聚变的产物——碳元素会继续在重力作用下沉入太阳的内核，当所有的氦燃料全部耗尽，太阳将再次坍缩，成为一颗与地球大小相当，但密度相当于地球100万倍的白矮星。最终，太阳会散尽自己全部的热量，成为一颗不发光的黑矮星。当然，要散尽全部热量，需要花费数百亿年的时间……

这个结局听上去让人很是惆怅啊！

我看，就没有必要为50亿年以后才开始的事情皱眉头了吧！

那么，那些比太阳还大的恒星会落得一个什么结局呢？

大质量恒星会一直燃烧，将氢聚变成氦，氦聚变成碳，碳聚变成氧。在这个过程中，恒星会变得越来越不稳定。由于参与聚变的元素越重，聚变提供的能量就越少，而庞大的恒星生命，又需要大量的能量来维持，所以当聚变到铁元素时，恒星内部数十亿摄氏度的高温也将无法达到铁原子的聚变点火条件，核聚变因此走到了尽头。

接着，恒星的整体结构向内坍缩，它们的坍缩速度可以达到100000千米/秒。由于猛然坍缩，致使恒星整体结构的温度飙升，触发恒星外部结构发生大量非常规的核聚变。随后，恒星会发生剧烈爆炸，形成超新星。仅在短短几秒钟的时间里，超新星就能释放出巨大的能量，比太阳100亿年释放出的能量总和还要大。爆炸之后，超新星将只剩下一个残留的中子星残骸。

哇，听上去比好莱坞的灾难片还要刺激呢！

在过去的历史中，宇宙中有些恒星可能比现存质量最大的恒星还要巨大，这些超巨星比太阳还重100倍，当它们死亡时，引发了宇宙中最剧烈的爆炸，可能会由于光致蜕变立即坍缩成为黑洞。

你曾经亲眼见证过一颗恒星的死亡吗?

我没有这样的运气,不过,1987 年 2 月 23 日,我的几位同行目睹了 400 年来最明亮的一起恒星爆炸事件。这颗超新星距离地球 16.3 万光年,位于大麦哲伦云中。事实上,当时他们看到的爆炸,其实是在 16 万年前发生的,但是它的光在那一年才到达地球。

* 恒星是怎么诞生的?　　　　　　　　　　045
* 什么是光年?　　　　　　　　　　　　　061

什么是银河?

银河并不是一条河，而是指一个由大约 3000 亿颗恒星、数千个星团和星云组成的天体系统。地球所在的太阳系就是银河系的一分子。它是一个中间厚、边缘薄的扁平盘状体，直径约为 10 万光年。

在宇宙中，银河系是唯一的星系吗？

银河系的大小已经超过了我们的想象，然而它并不是宇宙空间的尽头。在银河系之外，还有许多河外星系。我们已发现十几亿个河外星系，每个河外星系都包含几亿、几百亿甚至几千亿颗恒星和大量的星云和星际物质。

我们在银河系的中间吗？

不，太阳处于猎户臂上距银河系中心约 27700 光年的地方，换句话说，太阳系位于银河系的郊区。

天文学和地质学总是让我感觉人类很渺小……

可是，这么渺小的人类，却还是能把自己的目光从地球投向如此遥远的宇宙深处，并不断地进行探索和追问。身为人类的一分子，难道你还有理由沮丧吗？

那么，宇宙中到底有多少星系呢？

这个问题我无法回答，因为目前我们只能观测到宇宙的很小一部分。

好吧，我换个问法，在我们能观测到的宇宙范围里，大概有多少星系呢？

大概有2000亿个星系。其中，在距离银河系2亿光年的地方，天文学家发现，宇宙中的大量星系都集中在一个特定的区域中，远远看去就像是长长的链条，这个条带状结构长约7.6亿光年，宽达3亿光年，而厚度为1500万光年，我们称它为宇宙长城。

距离银河系最近的星系是哪一个?

距离银河系最近的,是仙女座星系,与我们之间的距离大约为220万光年,它的直径大约是银河系直径的 2 倍,有将近 1 兆颗恒星。

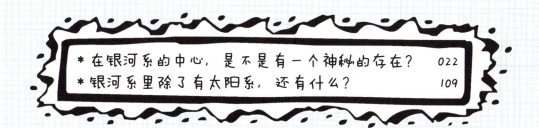

* 在银河系的中心,是不是有一个神秘的存在?　022
* 银河系里除了有太阳系,还有什么?　109

作为天文学家，是不是总得抬头看天？

天文学家的确是"靠天吃饭"的，不过，我们并不会花太多的时间去"欣赏"天空的美景，做研究，还是要回到研究室里吧。

可是，那样的话不就是闭门造车了吗？我听地质学家说，田野调查可是很重要的！

我年轻那会儿呀，的确要花很多时间用天文望远镜观测天空。我还记得有一年冬天，晚上特别冷，可是为了获得第一手资料，我不得不蜷着身子，守在望远镜边上足足几个小时！今天，我那些年轻的同事们就舒服多啦！

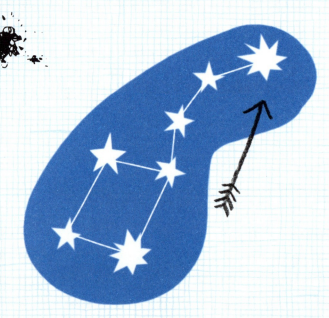

为什么这么说？

当年的很多观测工作，现在都可以借助计算机来完成。比方说，现在咱们这儿是白天，但是我可以通过计算机和智利的天文观测台联网，足不出户就能观测到夜空，在西半球，那里还是群星闪耀呢！

仍然有许多天文爱好者喜欢通过天文望远镜来观测天空，你有什么好的建议给他们吗？

如果条件允许，尽量去郊外空气好的地方进行观测；如果只能在城市里进行观测，也要尽量避开主干道和闹市区，因为那些地方的照明光源会对观测产生很大干扰。

当然，你还要有足够的耐心，有所发现的时候也许只在一瞬间，比如流星划过夜空，但是这需要你耐着性子等待。如果你在郊外，也要注意保暖，可别嫌我啰唆呀！

听说意大利有一个天文观测站是以你的名字命名的?

是的,就在托斯卡纳的乡下,这是我的荣幸。如果你们有兴趣,也可以去那里找我,欢迎大家!

* 为什么白天不懂夜的黑? 027
* 北极星是一动不动的吗? 091

为什么我们总是只能看到月球的同一面？

这种现象在天文学上叫作同步自转。月球绕着地球公转，同时也在自转，它公转一圈的时间和自转一圈的时间是同步的，这也就造成了它在轨道上会始终以同一个半球面朝着地球的结果。由于月球背面被遮蔽，收不到来自地球的无线电传输，天文学家正在考虑能否在月球背面建立无线电天文观测站。

那月球的背面是什么样子的？难道没有人见过吗？

人类首次亲眼看见月球背面是在 1968 年。根据宇航员的描述，月球的背面"像我在孩提时玩过一段时间的沙堆，它们全都被翻起来，没有边界，只有一些碰撞痕和坑洞"。

月球的背面的确比我们看到的那一面更加凹凸不平，那里有一大堆起伏不平的撞击坑，以及相对较少的月海。

月海？不是说月球上没有水吗？

实际上，美国宇航局最近已经发现月球上有水存在，他们从已经带回地球的月球表面物质样本中发现了岩浆水的存在。

不过，刚才提到的月海并不是真正的海洋，只是当时的天文学家给它起的名字。当时的天文学家发现月球表面有的区域比较暗，根据在地球上的经验，他们推测也许那是月球上的海洋。现在我们知道了，那实际上是由玄武岩组成的暗色区域。由于玄武岩能吸收绝大部分的阳光，反射率低，因而这片区域比其他地方暗。同时，月海地势较低，就像地球上的盆地一样。

从月球表面往外看，风景如何？

在月球上，你会看到广阔平坦的平原、纵横的沟壑、起伏的山地和丘陵。在没有大气的地方，声音无法传播，四周一片死寂。如果你抬头看，你会发现一颗巨大的蓝色星球悬在天空——是的，那就是地球，一个比看上去大14倍、亮80倍的美丽星球。由于同步自转，你会发现头顶上的地球是静止不动的。哦，对了，如果你是从月球的背面登月的，你自然是看不到地球的。由于没有大气层，你头顶上的天空永远是黑色的，而星星也不会因为大气层的影响而冲你眨眼。

那么太阳呢？从月球上看去是什么样子的？

如果你能在月球上看到太阳，那么一定要抓紧时间欣赏。由于没有大气散射太阳光，太阳刚刚探出头，月球就迎来了白昼，就像晚上开灯一样，一眨眼的工夫，房间就亮了。不过，整个日出的全过程，只会持续1个小时。然后，下一次你再看到这样的景象，就是1个月以后了。

什么？难道不是每天都有日出吗？

不，地球上的一昼夜就是一天，而月球的自转时间与公转时间是一样的，都是27天左右，所以它的一昼夜，其实是27天。

看来，天上一日，人间一年，也是有点道理的！

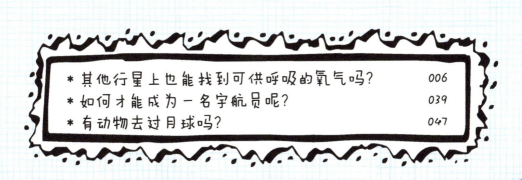

* 其他行星上也能找到可供呼吸的氧气吗？　006
* 如何才能成为一名宇航员呢？　039
* 有动物去过月球吗？　047

北极星在天空中是静止的吗？

北极星的位置其实不是一成不变的。由于地球自转轴会以25800年为周期进行周期性摆动，那么，自转轴的北极指向的天空位置自然也会随之变动。不过，这种变化非常非常缓慢，因此，在航海活动中，人们仍然会以北极星来辨认方位。

那么，我们怎样才能确定北极星的方位呢？

非常简单，我们可以先找到大熊座。面向天空，你会很容易发现大熊座，它由七颗亮星组成勺子的形状，在距离它不远的地方，有一个与大熊座类似的勺形星座，那就是小熊座，它的勺柄处，那颗明亮的小熊座 α 星就是北极星。

在地球上的任何地方都能依靠北极星来辨认方向吗？

不。只有在北半球，人们辨认方向才会依靠北极星，在南半球，就需要借助于南十字星来辨认正南方。

* 恒星是一成不变的吗？　　　　　　　　075
* 星座运程会影响我们的日常生活吗？　　113

宇宙是由什么构成的？

宇宙中的物质组成实际上是相当稳定的，氢原子和氦原子各占构成宇宙所有原子的90%和9%，正是它们形成了大爆炸之后的原始的宇宙。

大爆炸？你刚才介绍过的那个吗？

是的。根据大爆炸理论，在爆炸之初，所有物质只能以中子、质子、电子等形态存在。在宇宙发生爆炸后，不断的膨胀会使之温度、密度下降。原子、原子核、分子随着温度降低而冷却，复合成为通常的气体，最终凝聚成星云。

我记得你之前说过，星云后来就形成了恒星，这么说来，人类也曾经是宇宙中的尘埃？

可以这么说！太阳系和地球上的生命，都是由过去的恒星演化中产生的灰烬所建构的，就像我们血液中，以及地壳中的铁元素，都来自很久很久很久以前的超新星爆炸。

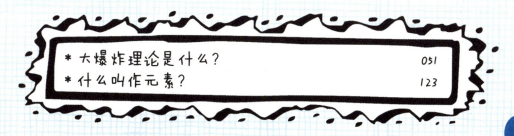

* 大爆炸理论是什么？　　　　　　　　　　051
* 什么叫作元素？　　　　　　　　　　　　123

彗星的尾巴在天文学上被称为彗尾，这并不是说彗星真的长了个尾巴。要了解彗星为什么会长尾巴，就得先了解彗星的结构以及它的运行轨道。

由岩石、尘埃和冰冻的气体组成的中心部分，构成了彗星的彗核。彗星围绕太阳进行椭圆形运转时，接近太阳的部分只是轨道上的一小段。当它接近太阳时，太阳的热力会使彗核物质熔解并升华为气体，就形成了彗发，其主要成分是冰与尘埃。在太阳风的作用下，这些尘埃与气体会被吹到后面去，形成长长的彗尾。

太阳风？这是个什么风？

太阳风实际上指的是从恒星上层大气射出的超声速等离子体带电粒子流，它们不同于地球上的空气，不是由气体分子组成，但流动时所产生的效应与空气流动十分相似。当彗星运行到太阳附近时，由于太阳辐射的作用，从彗核中蒸发出较多物质，这些被蒸发的物质就被太阳风推到背离太阳的一侧，也就形成了彗尾，这也就解释了彗尾为什么永远背离太阳。

为什么彗星要每隔一段时间才能与人类见一次面呢？

这是因为大部分彗星都在围绕太阳沿着椭圆形轨道运行，其运行周期非常漫长，地球绕太阳一圈要1年，而著名的哈雷彗星绕太阳一圈则需要76年。

作为天文学家，你曾经被彗星砸过吗？

当然没有！如果彗星掉到我头上，那你就得换个人访问啦！

可是，不是有一种星星叫作陨星吗？它们不就会砸到地球上吗？

我们所说的陨星并不是真正的星星，此星非彼星。如果你还记得的话，我曾经说过，恒星会经历出生、成长和死亡的过程，但是它无论如何不会掉到地球上——这是两个概念，陨星严格来说，不是星星。

那么，这些不是星星的陨星为什么会燃烧自己，从天上掉下来呢？

在太阳系内，有很多小至沙尘、大至巨砾的碎片，这些就是陨星的来源。当这些物质偏离轨道，落向地球的时候，会穿过大气层，在与大气层的生死搏斗——也就是摩擦中，它们会发出耀眼的光芒。体积小的，就在这个过程中全部熔化了，个头儿大一些的，就会落到地球上，砸出一个大大的陨石坑，这些落了地的，就被人类称为陨星。按照化学成分，它们被分为石陨星、铁陨星和石铁陨星。在美国的亚利桑那州，有一个巨大的陨石坑，直径超过1千米。天文学家对这样的太空来客十分重视，因为它保存着太阳系早期的丰富资料，被称为天然的太空史书，能够帮助我们了解太阳系的起源、演化，以及地球内部的成分、生命的起源等问题。

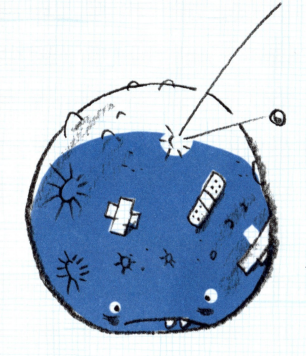

原来如此，如果没有地球大气层的保护，地球会变成什么样呢？

我们之前讨论过这个问题。实际上，没有大气层的保护，地球的表面会变得跟月球一样，更加崎岖不平、坑坑洼洼。

可是，这么说来，我还是有可能被陨石砸到呀！

嗯，理论上的确存在这种可能性，但是人类被陨石砸中的概率比接连中彩票的概率还小。在人类漫长的发展历程中，被天外来客袭中的"幸运儿"只有个位数那么多，因此，你还是别太担心了。与其害怕被坠落的陨星砸中，还不如在走路的时候多加小心，别被楼上的花盆砸中呢！

为什么大部分流星都是在8月坠落呢？

其实流星坠落每天都会发生。虽然大部分流星体在穿越大气层时都会瓦解，但是每年还是会有几百颗大小不等的陨石落在地上，不过，只有几颗能被人类发现。当流星坠落发生在白天的时候，天空太亮，我们是无法观测到的；当流星太小的时候，我们以肉眼根本无法看到。那为什么大家会觉得8月有更多流星坠落呢？这其实是因为夏天天气热，人们更愿意外出观测罢了……如果你愿意11月大冷天出去观测，没准儿会看到

更多的流星呢!

好吧，星星不会掉下来，既然你都这么说了，那我就可以把心放回肚子里啦!

呵呵，你且宽心吧！宇宙没有你想得那么危机四伏！你看，宇宙中的天体都在不停地转动，它们各司其职——月球这颗卫星绕着地球这颗行星转，地球又绕着太阳转，而太阳呢，又在绕着银河系的中心转。

* 将来会有小行星撞击地球吗？　　052
* 每颗星都有名字吗？　　114

是什么让你热爱头顶上的星辰？

呵呵，在我这个年纪回答这样的问题，也许会很合适。我从小就迷恋物理学，想知道这个世界是由什么组成的，这个物质世界究竟有着什么样的规律。大学快毕业的时候，对于物理的兴趣自然把我推向了头顶上的星空。

脚踏实地，却又遥望星空？

是这样。当你把眼光投向太空，你会发现，这里是物理学神圣而神秘的殿堂。

天文学跟物理学有什么样的内在联系呢?

我们已知的物理学原理——地心引力、核物理、量子力学等等,不仅适用于我们四目所及的星球,也适用于遥远而不可及的宇宙深处;而随着对太空认识的加深,我们的物理学仍在不断地接受挑战,迎来新的发展。

我想,对于未知世界的好奇,是每个遥望星空的人沉浸在这个奇妙的星空世界最大的动力。

你还可以知道亿万年前发生的事情……

天文学的意义不仅如此,它是一门对我们每个人来说都有用的学科。人类对于遥远星空的追问与探索是永无止境的,天体的起源和演化,与生命的起源是紧密相关的。天文学为我们揭示了千万年乃至亿万年前宇宙中发生的事情,也为我们预测了宇宙的未来。虽然在地球上,许多事情是我们无法复制和再现的，但是我们仍然对生命的起源探寻不止，这是一种好奇心，更是一种坚定的信念。这种信念不满足于人类的渺小，从而推动无数人执着地追问，这也许正是人之所以为人的真正原因吧。

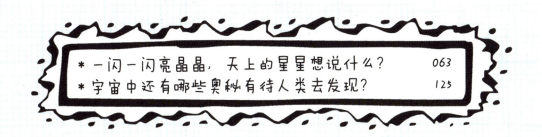

* 一闪一闪亮晶晶，天上的星星想说什么？　063
* 宇宙中还有哪些奥秘有待人类去发现？　125

我们如何才能找到外星生命？

和你一样,我也只在电影里看过外星人……

拜托,我说的不是电影!

前面我们提到过了,最有可能发现生命存在的,是火星。我们已经在火星的表面发现了大量水存在过的证据,有可能今天的火星上仍然有水存在。众所周知,水是生命的源泉。

到目前为止,有人类登上过火星吗?

人类的火星之旅,将是21世纪最伟大的太空征程,探索火星的万里长征,人类才刚刚开始。预计要到2030年,地球

人才会真正抵达火星,我们也就能知道,在火星上到底有没有生命了。而到那时候,距离人类登月,已经过去60年了。

你对火星上是否存在生命有什么看法呢?

我个人对此持乐观的想法。

这么说,电影里演的都有可能会在未来成为现实?

咱们能不能不说电影了?目前,天文学家能够给你的答案恐怕要让科幻迷们失望了。因为据估计,在火星上迎接人类大驾光临的外星生命,与荧幕上的形象会相差十万八千里——火星上即使真的有生命,恐怕也是几乎看不见的细菌或细菌的化石。不过,那也是非常振奋人心的大发现啦!

细菌？有危险吗？

不好说，没准儿会让地球人得上火星型的咽喉炎吧？呵呵，开个玩笑。不过，宇航员们回到地球的时候，他们的确会因此被医学隔离40天。不管怎么说，这些细菌——如果它们真的存在的话——也一定不会像电影里演的那样张牙舞爪！

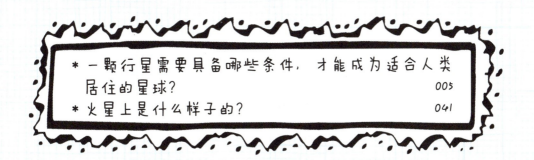

* 一颗行星需要具备哪些条件，才能成为适合人类居住的星球？　　005
* 火星上是什么样子的？　　041

在太阳系之外还有什么?

当我们谈论浩瀚宇宙的时候，可能往往会忽略，我们所生活的太阳系本身，就是一个我们无法想象的广袤空间。阳光抵达地球，大概要8分钟，抵达土星，需要1小时20分钟！这样的距离已经超出我们日常生活所能理解的极限了。

至于太阳系之外？那更是一个无法用通俗语言来形容的无边无际的空间！可以肯定的是，太阳系之外一定还有许多其他恒星，和它们各自的行星一起，组成了太阳系的兄弟星系！

也就是说，太阳在宇宙中并不是孤独的？

是的，之前说过，太阳不是宇宙的中心，它其实就是无数普普通通的恒星大家庭中的一员。事实上，早在16世纪，意大利哲学家布鲁诺就曾经做出过类似的论断，不幸的是，他却被处以火刑，在罗马的鲜花广场上结束了自己的生命。今天，人们基于对宇宙的观测，终于为这个坚持真理的伟大人物正了名。

到目前为止，人类已知的太阳系外的行星有多少颗？

目前，人类已经观测到了300多颗太阳系外的行星，它们和地球一样，都围绕着自己的"太阳"一刻不停地公转着。这些行星的个头儿都不小,至少都有木星那么大,它们的运行轨道相对于太阳系的行星来说,也更加贴近于各自的恒星。

这么说来,宇宙中的某一个地方,有可能存在着和地球十分相似的行星?

这种可能性在我们生活的银河系就已经很大了。银河系大约有 1 万亿颗恒星,我们完全可以保守地进行假设,如果有 1% 的恒星像太阳系这样有行星环绕,那么就有 100 亿颗恒星有星系。如果在这 100 亿个恒星星系中,有 1% 的行星被认为具

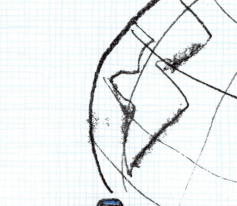

有与地球相似的质量，而这些行星中又只有1%具有与地球相似的温度和其他适宜生命形成、繁衍的条件，最终，层层条件往下筛选，我们得到的结果仍然是惊人的！

也许，在可以预见的将来，随着科技的不断进步，人类还会派出更多的先驱者、旅行者前往太空深处，他们会不断更新我们的子孙对于宇宙的认识，不断拓宽我们所认识的宇宙的边界。

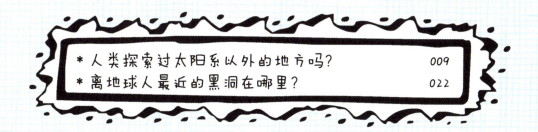

* 人类探索过太阳系以外的地方吗？　　009
* 离地球人最近的黑洞在哪里？　　　　022

你相信星座运程吗？

当然，作为天文学家，我每天起床第一件事就是去查一下我当天的星座运程。如果是诸事不宜，我就接着倒头睡！

什么？这不是迷信吗？

哈哈，你明知道我不会相信，为什么又多此一问呢？其实，你也知道这样做很荒谬，不是吗？

可以想象，我们的祖先在面对群星闪耀的天空时，心中难免会升起敬拜之心。他们愿意相信，头顶上的星辰就是天神的居所，而月缺月圆、流星坠落，更会对尘世间的一切产生神秘的影响。可是今天，即使知道这么做是毫无理性可言的，也明

白天体的运行与我们每日的吉凶或者当年的运势并无丝毫关系，却还是有很多人痴迷于这么做。

在我看来，人类本身真的比遥远的星空更加复杂，更加难以捉摸！不关心行星运行的真正秘密，而执着于通过伪科学的星象占卜来全盘指导自己的言行——越是这么做，就越是与揭开宇宙万物的真正奥秘背道而驰。

可是，我能问问你是什么星座的吗？我想知道什么星座会这么理性……

哈哈，这个问题有陷阱，我拒绝回答！你应该更关心我是什么样的人，而不应该去求助于星座来给我贴上标签。如果一定要选个星座的话，那我就是猫咪座的——我好奇，并且独立，偶尔也有点小脾气，这就是我眼中的自己！

每颗星都有它的名字吗？

肉眼可见的亮度明显的星星都是有名字的，我们的祖先还赋予了八十八个星座传奇般的神话故事，用人物、动物和器物对其进行命名。而恒星的命名，则可以根据每个星座的亮度从亮到暗进行排列，以这个星座的名称加上一个希腊字母的顺序

来表示，如织女星，可称为天琴座α星。如果星座的恒星超过了24个希腊字母，那么就使用阿拉伯数字，比如天鹅座61星。

我还是觉得叫织女星更加亲切些。

的确，不过越晚发现的星星的名字就会越刻板——随着被发现的星星越来越多，我们开始像管理人口一样，将它们一一登记入册，便于研究。我们可以在不同的星表上查到同一颗星星的不同名字，这就好像你的朋友贾尼，5年级2班43号同学也是这个贾尼。再比如刚才提到的织女星，根据不同的星表，又被称为 HD 172167 或者 HIP 91262。当了许多年行星的冥王星，现在被认为是小行星，它的行星编号则是134340。

那么彗星呢？

彗星通常用发现者的名字，或者发现机构的名字来命名。

宇宙中存在玛格丽特星吗？

很荣幸地告诉你，有一颗小

行星是以我的名字来命名的,它就是小行星"8558 哈克"。

它究竟在什么位置呢？

太阳系中几乎所有的小行星都集中在火星和木星轨道之间的小行星密集区域。在已经被编号的逾 12 万颗小行星中,有将近 99%都集中在这个地带。

哇！下次我仰观天象的时候一定要找到它！

别费劲了,肉眼是看不到的,就连我本人都难得一睹它的风采。其实,它并不是一颗多么特别的行星,以我的名字命名,只是学界对我成绩的一种肯定罢了。它和无数小行星一样,绕着太阳进行公转。

别忘了，给星星起名字其实只是地球人的一厢情愿，有了名字，我们才好进行研究。无论是如雷贯耳的星星，还是低调无名的星星，它们都一直在那里，按照固有的规律运行着。

* 小行星会再次撞击地球吗？　　　　　052
* 为什么彗星长了尾巴？　　　　　　　095

温室效应是怎么回事？

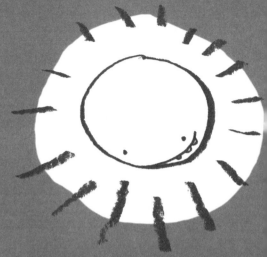

温室效应是一种自然现象，它使地球平均温度维持在15℃，从而为生命体提供了适合生存的温度环境。如果地球大气没有温室效应，那么生命的起源就无从谈起。

不对吧？我怎么经常听人说，温室效应对地球可不是什么好事！

我们还是首先搞明白什么是温室效应吧！其实从它的名字本身，已经可以猜出个大概了。白天，太阳光照射到地球上，部分能量被大气吸收，部分被反射回宇宙，将近一半的能量被地球表面吸收；晚上，地球表面以红外线的方式向宇宙散发白天吸收的热量，其中也有部分被大气吸收。如此一来，大气层就像是给地球罩上了一个巨大的玻璃罩，既保证了地球表面温度的适宜，也令地球上的昼夜交替不会出现大幅度的温差变化，不至于像没有大气层的月球一样——被太阳照射时温度急剧升高，不受太阳照射时温度急剧下降。

那温室效应到底有什么危害呢？

烧煤、取暖、汽车尾气排放等人类活动，会向大气中排入大量二氧化碳，经红外线辐射吸收留住能量，导致全球表面温度升高；同时，大气中甲烷、一氧化氮等气体浓度成倍增加，吸收了过多的太阳热量，也会造成全球变暖。

跟以前相比，现在的温度到底升高了多少？

事实上，地球已经比 100 年前热了有 1℃左右。

1℃，也没多少嘛！

你发烧的时候，恐怕就不会这么说了。

那倒是！对了，气候变暖会带来什么严重后果吗？

气候变暖将会导致冰川融化，珊瑚大面积死亡，更不用说海平面上升对沿海城市会造成多大的影响了。

人类找到应对的措施了吗？

人类的发展应该学会适当做减法，我们需要限制二氧化碳的排放量，提高能源的使用率，开发新

型环保能源,降低对矿物燃料的依赖程度。

总之一句话,人类的发展不应该以破坏地球为代价,否则,这种伤害迟早是要报复性地回馈给人类自己的!

* 金星上也有温室效应吗? 042
* 为什么天空是蓝色的? 071

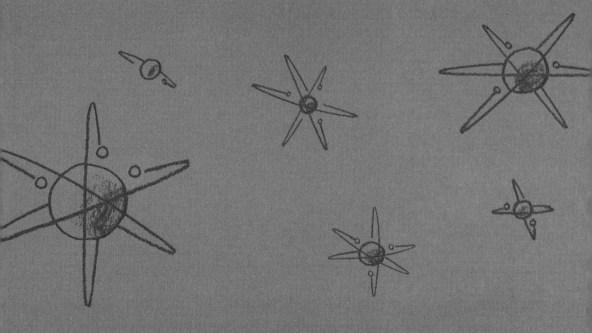

元素是什么？

化学元素是构成万物的基本要件。它们只由一种原子组成，而原子又由原子核及其周围的电子组成。

各种元素之间有什么内在联系吗？

截至1863年，科学家们已经发现了五十六种化学元素，而元素大家庭仍然不断有新成员加入。俄国化学家门捷列夫通过对元素的原子量进行审定，发现元素的性质随着原子量的递增而呈周期性的变化。他根据元素周期律编制了第一个元素周期表，把已经发现的六十三种元素全部列入表里，从而初步完成了使元素系统化的任务。他还在表中留下了空位。

为什么会有空位呢？

因为在他提出元素周期律的时候，表中的元素并没有完全被人类发现。此后科学的发展证实了他预言的准确性，硼、铝、硅在后来填补了周期表上的空缺。

* 恒星为什么会发光？　　045
* 宇宙是由什么组成的？　　093

宇宙中
还有什么有待
我们去发现？

我们对宇宙的了解还很少呢，天文学领域中有待我们解决的问题还有许许多多。

这么说，年轻的天体物理学家会感到前途一片光明吧？

当然。大爆炸理论只不过是一种比较令人信服的假说，关于宇宙的起源与发展，我们还知之甚少。另外，我的许多同行还把研究的兴趣转向了暗物质和暗能量。

听上去好神秘！

暗物质与暗能量被认为是宇宙研究中最前沿也最具挑战性的课题，宇宙中 90% 以上的物质含量是暗物质，而我们可以看到的物质只占宇宙总物质量的 10% 不到。尽管暗物质不能被直接观测到，但它却在干扰着天体发出的光波或引力，它的特性仍然只是一种假设，目前无法得到充分的证明。

有没有什么东西是我们永远都无法发现的？

我们永远无法知道宇宙到底是如何起源的，也许它一直都在，没有起源也没有结束。今天的我们也无法知道，为什么宇宙是现在这个样子，外星生命是否存在，如果存在，他们是否会在将来与我们接触，这些问题也许永远不会有答案。但是，天文学本身却为这一切留下了解答的可能性。没准儿，在今天的读者之中，就会有人长大后真的成为天文学家。到那时，站在前人肩膀上的他，会有更加广博的视野，对于今天无法解答的这些问题，他也许会给出崭新的答案。

* 万有引力定律是什么？　014
* 宇宙是如何起源的？　051

话题索引

关于恒星

你最喜欢哪颗星星? 024

恒星是如何形成的? 044

闪闪的星星到底想对我们说什么呢? 062

太阳会停止发光吗? 074

陨星是真正的星星吗? 096

关于宇宙

宇宙有多大年纪了? 050

什么是银河? 078

宇宙是由什么构成的? 092

在太阳系之外还有什么? 108

关于太阳系

太阳系本身是如何形成的? 016

行星之间如果有竞争,谁会胜出? 018

伽利略对天文学做出了什么贡献? 032

太阳会停止发光吗？	074
为什么彗星长了尾巴？	094

关于月亮

月亮是小行星吗？	016
月亮的阴晴圆缺是怎么回事？	030
曾经有动物去过月球吗？	046
为什么我们总是只能看到月球的同一面？	086

关于地球

地球是一颗特殊的行星吗？	004
为什么会有白天黑夜和四季变换？	026
为什么会发生日食？	028
如果地球突然停止转动，会怎么样？	034
如果小行星撞击地球，恐龙会重返地球吗？	052
温室效应是怎么回事？	118

关于行星

行星之间如果有竞争，谁会胜出？	018

金星上能住人吗? 042

谁为土星戴上了光环? 066

我们如何才能找到外星生命? 104

有没有行星是以玛格丽特的名字来命名的? 115

关于流星与彗星

为什么彗星长了尾巴? 094

什么是陨星? 096

关于引力

什么是地心引力? 012

太阳系是如何形成的? 016

如果地球突然停止转动,会怎么样? 034

关于物理之谜

什么是地心引力? 012

光年难道不是时间单位吗? 061

元素是什么? 122

宇宙中还有什么有待我们去发现? 124

129

关于玛格丽特·哈克

玛格丽特最喜欢哪颗星星？	024
玛格丽特想成为宇航员吗？	038
作为天文学家，是不是总得抬头看天？	082
是什么让玛格丽特热爱头顶上的星辰？	100
玛格丽特相信星座运程吗？	112

关于太空生命

人类是如何探索太空的？	008
你想成为宇航员吗？	038
太空探索最大的挑战是什么？	040
你见过外星人吗？	056
我们如何才能找到外星生命？	104

关于天空

伽利略对天文学做出了什么贡献？	032
为什么天空是蓝色的？	070
作为天文学家，是不是总得抬头看天？	082
北极星在天空中是静止的吗？	090

Original title: Perché le stelle non ci cadono in testa?
© 2010 Editoriale Scienza S.r.l., Firenze–Trieste
www.editorialescienza.it
www.giunti.it
From an idea by Federico Taddia
Texts by Federico Taddia and Margherita Hack
Illustrations by Roberto Luciani
Scientific revision/consulting by Adriana Rigutti
Filippo Taddia has cooperated to the texts
Graphic design and layout by Studio Link (www.studio-link.it)
Simplified Chinese Character Rights are arranged through CA-LINK International LLC
www.ca-link.com
版权合同登记号：图字：11-2013-240号

图书在版编目(CIP)数据

超级科学家.天文／(意)塔蒂亚,(意)哈克著；(意)鲁奇亚尼绘；潘源文译. —杭州：浙江文艺出版社,2014.7
(2018.5重印)
ISBN 978-7-5339-4003-4

Ⅰ.①超… Ⅱ.①塔… ②哈… ③鲁… ④潘…
Ⅲ.①科学知识—儿童读物②天文学—儿童读物
Ⅳ.①Z228.1②P1-49

中国版本图书馆CIP数据核字(2014)第133634号

责任编辑　岳海菁
装帧设计　小提包工作室
责任校对　杨爱英

超级科学家·天文

[意]费德里克·塔蒂亚　玛格丽特·哈克／著
[意]罗伯特·鲁奇亚尼／绘　潘源文／译

出版　浙江文艺出版社
地址　杭州市体育场路347号
邮编　310006
网址　www.zjwycbs.cn
经销　浙江省新华书店集团有限公司
制版　杭州天一图文制作有限公司
印刷　浙江新华数码印务有限公司
开本　710毫米×980毫米　1/16
印张　8.5
插页　2
印数　20501-24500
版次　2014年7月第1版　2018年5月第6次印刷
书号　ISBN 978-7-5339-4003-4
定价　25.00元

版权所有　违者必究